BEI GRIN MACHT SICH IHR WISSEN BEZAHLT

- Wir veröffentlichen Ihre Hausarbeit,
  Bachelor- und Masterarbeit

- Ihr eigenes eBook und Buch -
  weltweit in allen wichtigen Shops

- Verdienen Sie an jedem Verkauf

Jetzt bei www.GRIN.com hochladen und kostenlos publizieren

Bibliografische Information der Deutschen Nationalbibliothek:

Die Deutsche Bibliothek verzeichnet diese Publikation in der Deutschen National-
bibliografie; detaillierte bibliografische Daten sind im Internet über http://dnb.d-
nb.de/ abrufbar.

Impressum:

Copyright © 2017 GRIN Verlag
Druck und Bindung: Books on Demand GmbH, Norderstedt Germany
ISBN: 9783668882010

Dieses Buch bei GRIN:

https://www.grin.com/document/455442

Can Duracak

Komplexe Zahlen. Eigenschaften und Beispiele für ihre Verwendung

GRIN Verlag

Inhaltsverzeichnis

1. Entwicklung der Zahlensysteme

1.1 Zahlen in der Geschichte

Schon seit Anbeginn der Geschichte entwickelten Menschen einen allgemeinen Verstand für die Mathematik. Was am Anfang nur eine Hand voll Steine war, die die Anzahl der Schafe, die ein Hirte in Besitz hatte, repräsentieren sollte wurde heute zu komplexen Kalkulationen, die sogar über die uns bekannte Realität hinausgehen.

Was im alten Rom nur das uns bekannte römische natürliche Zahlensystem war, was für den römischen Alltag vollkommen ausreichend war wäre ein enormes Hindernis für heutige Mathematiker. Heutzutage wird man mit der Null, negativen Zahlen, Brüchen und Kommaschreibweisen verwöhnt, doch viele Zivilisationen aus der Antike hätten Probleme sich diese überhaupt vorzustellen. Wie soll man schließlich mehr von etwas wegnehmen, als es gibt? Wie und wieso sollte man eine Zahl für nichts haben?

Im Laufe der Geschichte entwickelten unterschiedliche Hochkulturen eigene Lösungen für simple mathematische Probleme. Die alten Ägypter rechneten beispielsweise schon mit simplen Brüchen, während man im alten bereits China negative Zahlen hatte.

Die alten Inder übernahmen Chinesische Zahlen und kreierten ihre eigene Variation mit Kommaschreibweise, die ganz praktisch war und über sämtliche Elemente wie Brüche, negative Zahlen und die Null verfügte. Durch arabische Mathematiker wurde dieses Zahlensystem auch hier in Europa bekannt, wo es einige Jahrhunderte später übernommen wurde und die römische Schreibweise ablöste, weswegen wir bis heute noch die „arabischen" Zahlen verwenden, die eigentlich aus Indien stammen.[1,3]

Mit den Indischen Zahlen, mit welchen man irrationale Zahlen darstellen konnte, experimentierten europäische Mathematiker in der Renaissance rum, entwickelten komplizierte Beweistechniken und erweiterten die Möglichkeiten der Mathematik, wie es Jahrhunderte vorher undenkbar gewesen wäre. Doch auch diese stießen irgendwann an ihre Grenzen.

1.2 Ein unlösbares Problem

Der italienische Mathematiker Gerolamo Cardano bemerkte 1545 einen Fehler in der Mathematik, als er mit seinen Cardanischen Formeln rechnete.

Cardan musste die Wurzel einer negativen Zahl ziehen, um die Nullstelle einer ganzrationalen Funktion mit Polynom dritten Grades herauszufinden.

Üblicherweise hätte man sobald man die Wurzel einer negativen Zahl zieht kein Ergebnis, aber da es sich um einen Graphen handelte, der vom negativen Unendlichen ins positive Unendliche geht, musste er irgendwo die x-Achse schneiden.

Der verzweifelte Cardan tüftelte an seiner Rechnung rum, um die negative Wurzel zu vermeiden, bemerkte jedoch bald, dass das nicht umgehbar ist. Er erklärte das für ein unlösbares Problem.

Sein Schüler Rafael Bombelli hingegen umging das Problem, indem er $\sqrt{-1}$ aus allen negativen Wurzeln ausklammerte, diese wie eine eigenständige Zahl behandelte und einfach damit weiterrechnete. So stellte sich dann im Laufe seiner Rechnung heraus, dass sich zwei negative Wurzeln auskürzen, sodass man am Ende ein Ergebnis ohne mathematischen Fauxpas bekommt.

Unwissend, dass er damit die Mathematik revolutionierte, bezeichnete Bombelli seinen Ansatz als Sophistik und griff nie wieder auf die neue Zahl zurück[3]

1.3 Die neue Zahl

Bombelli und seine zeitgenössischen Mathematiker vertrauten der neuen Zahl nicht und schätzten diese nicht wert. Das ging so weit, dass der französische Philosoph, Naturwissenschaftler und Mathematiker René Descartes die neue Zahl als *seulement imaginaires* (dt. = nur imaginär) bezeichnete[7], weswegen wir sie bis heute als imaginäre Zahl bezeichnen. Schließlich korrespondiert diese Zahl mit nichts, was sich in der realen Welt befindet.

Leonhard Euler begann als erster die $\sqrt{-1}$ als i zu schreiben, wobei das i für imaginär steht. Die Bezeichnung imaginär gefiel Euler allerdings nicht.

Euler bevorzugte diese als laterale (dt. = seitliche Zahl[3]) zu bezeichnen.

Somit weitet sich unser heutiger Zahlenbereich über sowohl *reelle* als auch *imaginäre* zahlen aus. Im Überbegriff nennt man die Kombination selbstbeschreibend Komplexe Zahl und den Zahlenbereich entsprechend Komplexe Zahlen.[3]

2 Die Komplexe Zahl

2.1 Definition

Komplexe Zahlen sind folgendermaßen definiert:

Man betrachte die Reihe $R^2 = R \times R = (a, b)$ mit $a, b \in R$

Die Mengen (a_1, b_1) und (a_2, b_2) sind nur dann gleich groß, wenn $a_1 = a_2$ und $b_1 = b_2$

Man bezeichne die Mengen (a_1, b_1) und (a_2, b_2) als z_1 und z_2. [2]

Die Addition und Multiplikation im R^2 ist folgendermaßen definiert:

$$z_1 + z_2 = (a_1, b_1) + (a_2, b_2) = (a_1 + a_2, b_1 + b_2)$$

$$z_1 \times z_1 = (a_1, b_1) \times (a_2, b_2) = (a_1 a_2 - b_1 b_2, a_1 b_2 + a_2 b_1)$$

für alle $z_1 = (a_1, b_1) \in R^2$ und $z_2 = (a_2, b_2) \in R^2$

Im Prinzip ist das simple Algebra. Bei der Addition werden jeweils die einzelnen Komponenten addiert und bei der Multiplikation verwendet man die Binomische Formel.

Die Menge $z_1 + z_2 \in R^2$ nennt man die Summe von z_1, z_2 und das Element $z_1 \times z_2 \in R^2$ nennt man das Produkt von z_1, z_1, wie in der üblichen Algebra auch.

Die Reihe R², zusammen mit der Addition und Multiplikation, nennt man letztendlich die Reihe der komplexen Zahlen C.

Das Element $z = (a, b) \in C$ nennt man eine komplexe Zahl. [2]

Im Grunde ist das die hochmathematische Art und Weise zu sagen:

Komplexe Zahlen sind jene Zahlen, die man mit sich selbst multiplizieren kann, um am Ende jede mögliche reelle Zahl zu bekommen.

Der Unterschied zu reellen Zahlen hierbei ist, dass man bei der Multiplikation mit sich selbst keine negative Zahl bekommen kann. Für diesen Part ist nämlich die imaginäre Zahl i verantwortlich.

Die Allgemeine Schreibweise ist wie folgt:

$$C = a + bi$$

wobei a der reelle Bestandteil und b der imaginäre Bestandteil ist.

Das i ist die entscheidende Komponente der komplexen Zahlen.

i ist definiert durch $i^2 = -1$, und nicht wie fälschlicherweise angenommen $i = \sqrt{-1}$.

Durch diese Definition haben komplexe Zahlen gewisse besondere Eigenschaften und Regeln.

2.2 Eigenschaften und Besonderheiten

Exponenten der Zahl i

$$i^0 = 1; \quad i^1 = i; \quad i^2 = -1; \quad i^3 = -i; \quad i^4 = 1; \quad i^5 = i;$$

$$i^6 = -1$$

Betrachtet für alle $n \in N_0{}^+$

$$i^{4n} = 1; \quad i^{4n+1} + 1 = i; \quad i^{4n+2} = -1; \quad i^{4n} + 3 = -i$$

so sieht man, dass sich die Ergebnisse mit zunehmenden Exponenten der Zahl i zwischen i, -1, -i und 1 *rotieren*.

„Positiv und Negativ"

Da komplexe Zahlen aus zwei Bestandteilen bestehen, wobei der zweite die einzigartige Eigenschaft hat, vom gewöhnlichen Positiven zum Negativen zu *rotieren*, gibt es die Bezeichnung „Positiv und Negativ" nicht für sie.[2]

6

„Größer und Kleiner"

Die mathematische Definition für „größer und kleiner" geht wie folgt:

Eine Zahl x ist größer als y, wenn $x - y \in R^+$ und kleiner als y wenn $x - y = R^-$.

Da es aber die Begriffe Positiv und Negativ in der komplexen Zahlenebene nicht gibt ist es nicht möglich zu bestimmen, ob eine komplexe Zahl größer ist als eine andere.[2]

2.3 Rechenregeln

Im Grunde rechnet man mit komplexen Zahlen genauso, wie mit reellen Zahlen auch, was in den meisten Fällen keine Probleme hervorruft, doch gewisse mathematische Komplikationen führten dazu, dass man für die Rechnung mit komplexen Zahlen einige Ausnahmen einführen musste, die letzten Endes als permanente Lösung dienten.

Addition und Subtraktion

Komplexe Zahlen addiert und subtrahiert man, wie bereits erwähnt, nach gewöhnlichen algebraischen Regeln:

$$z_1 + z_2 = (a_1 + b_1 i) + (a_2 + b_2 i) = (a_1 + a_2) + (b_1 + b_2)i$$

$$z_1 - z_2 = (a_1 + b_1 i) - (a_2 + b_2 i) = (a_1 - a_2) + (b_1 - b_2)i$$

Man addiert die komplexen und reellen Bestandteile.

Addiert man komplexe und reelle Zahlen behandelt man den reellen Summanden wie eine komplexe Zahl ohne imaginären Bestandteil.

$$z + r = (a + bi) + (r + 0i) = (a + r + bi)$$

Multiplikation

Im Produkt einer Multiplikation von komplexen Zahlen setzt man die Definition $i^2 = -1$ ein und wendet diese entsprechend an.

$$z_1 * z_2 = (a_1 + b_1 i)(a_2 + b_2 i) = (a_1 a_2) + (a_1 b_2)i + (a_2 b_1)i + (b_1 b_2)i^2$$

$$= (a_1 a_2 - b_1 b_2) + (a_1 b_2 + a_2 b_1)i$$

Man beachte, dass der reelle Bestandteil des Produkts aus der Differenz der jeweiligen Produkte der reellen und imaginären Bestandteilen der Faktoren besteht[2].

Wurzelgesetze

Wenn es bei einer Rechnung dazu kommt, dass man zwei negative Wurzeln miteinander multiplizieren muss, darf man nicht die ursprünglichen Wurzelgesetze anwenden, um sie zusammenzufassen. Stattdessen sollte man grundsätzlich vorher die $\sqrt{-1}$ ausklammern[2].

Beispiel: $\sqrt{-5} \times \sqrt{-2}$ ist nicht $\sqrt{-5 \times -2} = \sqrt{10}$

sondern $\sqrt{5}\sqrt{-1} \times \sqrt{2}\sqrt{-1} = \sqrt{5}\,i \times \sqrt{2}\,i = \sqrt{10}\,i^2 = -\sqrt{10}$

3 Visualisierung und Darstellung

Die Tatsache, dass eine komplexe Zahl zwei Bestandteile hat, führt dazu, dass es – abgesehen von der algebraischen Form $z = a + bi$ – mehrere Möglichkeiten gibt, sie darzustellen.

3.1 Gaußsche Zahlenebene

Benannt nach dem Namensgeber Carl Friedrich Gauß bietet die Gaußsche Zahlenebene, kurz Gaußebene, die Möglichkeit komplexe Zahlen geometrisch darzustellen. Im Grunde ist sie eine Art modifiziertes kartesisches Koordinatensystem.

Hierbei handelt es sich um 2 Achsen, die die Bestandteile einer komplexen Zahl abbilden.

Die horizontale Achse repräsentiert den realen und die vertikale den imaginären Bestandteil.

Kombiniert kommt man auf einen Punkt oder Vektor, der die komplexe Zahl darstellt[2,3].

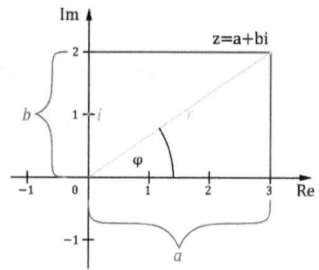

Abbildung 1: Gaußsche Zahlenebene

3.2 Polarform

Die Polarform ist im Wesentlichen genau dasselbe, wie die Gaußsche Zahlenebene, nur mit dem Unterschied, dass man hier statt einem realen und imaginären Teil einen Betrag und einen Winkel verwendet. Der Betrag r ist die Entfernung der komplexen Zahl vom Nullpunkt. Um ihn zu berechnen ist der Satz des Pythagoras ziemlich praktisch. Dazu addiert man die Quadrate der jeweiligen Bestandteile und zieht von der Summe die Wurzel, wie folgt[2]:

$$r = \sqrt{a^2 + b^2}$$

Abbildung 2: Polarform

Der Winkel ist der Ansatzwinkel von der realen Achse. Dazu verwendet man den Tangenssatz[2,3].

$$\varphi = tan^{-1}\frac{b}{a}$$

9

3.3 Eulersche Formel

Beweistechniken, die zu lang wären, um sie hier aufzuzeigen, weisen auf, dass eine Komplexe Zahl $z = a + bi$ genauso als $z = re^{\varphi i}$ geschrieben werden kann, wobei das r für den Betrag, das e für die eulersche Zahl und das φ für den Winkel der komplexen Zahl (im Bogenmaß) in der Polarform steht. Dies wird im Folgenden von besonderer Wichtigkeit sein[2].

3.4 Fazit

Wie man sieht gibt es zahlreiche Möglichkeiten, eine komplexe Zahl darzustellen, solange diese aus zwei *Bestandteilen* besteht. Sollte ein *Bestandteil* einer Darstellung nicht direkt dem der komplexen Zahl entsprechen, bezeichnet man diesen als Argument, oder mathematisch abgekürzt arg. Ein Beispiel hierfür wäre die vorhin besprochene Polarform. Der Winkel, sowie der Betrag entsprechen nicht direkt einem komplexen Zahlenwert, sondern einer *übersetzten* Form dieser.

Für die praktische Anwendung wichtig sind allerdings im Wesentlichen nur die vorhin genannten Methoden. Andere sind quasi lediglich ein mathematisches Augenmerk.

4 Verwendung

Eine der ältesten Verwendungen komplexer Zahlen war es, für mathematische Tabus wie $x^2 + 1 = 0$ endlich eine Lösung zu haben[1]. Nämlich eine komplexe Zahl. Das führte dazu, dass Mathematiker, die sich damit beschäftigten, Probleme hatten, sich i wirklich zu verbildlichen. Das würde schließlich heißen, dass die Funktion $f(x) = x^2 + 1$ (Abbildung 5) eine Nullstelle hätte. Doch wo ist sie?

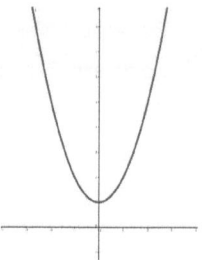

Abbildung 3: Die Funktion f(x) = x² + 1

4.1 Komplexe Funktionen

Eins der größten Probleme bei Funktionen mit komplexen Zahlen liegt darin, dass wir nur drei Dimensionen haben.

Die gaußsche Zahlenebene zeigt, dass wir allein schon für eine *rohe* komplexe Zahl zwei Achsen brauchen. Und wenn wir diese dann noch durch eine Funktion verarbeiten und die Ergebnisse abbilden braucht man noch zwei weitere Achsen. In der uns bekannten Welt können wir uns aber in höchstens drei Richtungen bewegen. Doch das hielt mathematisch begeisterte Köpfe nicht davon ab, es trotzdem zu versuchen.

Eine ganz simple Lösung wäre es, anstelle von einem kartesischen Koordinatensystem mit vier Achsen, zwei kartesische Koordinatensysteme mit jeweils zwei Achsen – reale und imaginäre – zu verwenden und diese in zwei Funktionen aufzuteilen.

Dabei benutzt man eine Funktion als *Input*, verarbeitet alle Werte dieser mit der eigentlichen komplexen Funktion und bildet die Ergebnisse im zweiten Koordinatensystem als *Output* ab [3]. Hierzu ein simples Beispiel, zunächst mit einzelnen Werten anstelle von Funktionen:

Man nehme die Funktion $f(x) = x^2 + 1$. Anstelle eines x schreiben wir zunächst ein z, da es sich um eine komplexe Zahl mit zwei Bestandteilen handelt, die wir wie gewohnt a und b nennen.

$f(z) = z^2 + 1.$ $\qquad\qquad\qquad f(z) = (a + bi)^2 + 1$

Setzen wir für $z = 1 + i$ ein und bezeichnen das Ergebnis als w, so erhalten wir für w:

$f(1 + i) = (1 + i)^2 + 1 \qquad\qquad f(1 + i) = 1 + 2i - 1 + 1$

$f(1 + i) = 1 + 2i + i^2 + 1 \qquad\qquad f(1 + i) = 1 + 2i$

$$w = 1 + 2i$$

So bekommen wir für $z = 1 + i$ mit der Funktion $f(x) = x^2 + 1$ das Ergebnis $1 + 2i$.

Das kann man genauso mit jedem anderen Wert auf der gaußschen Zahlenebene machen, sogar mit Graphen.

Dafür nimmt man sich einfach einen allgemeinen Graphen, wobei der y-Wert den imaginären Wert darstellen soll, setzt jeden Punkt auf dem Graphen durch die gewünschte *eigentliche* Funktion und zeichnet jeden Wert, der als Ergebnis rauskommt auf ein zweites Koordinatensystem. Für uns ist es ein Vorteil, dass wir hierfür die ganze handschriftliche Rechenarbeit ersparen können, da es heutzutage Computer gibt, die das für uns übernehmen[3].

Macht man das, bekommt man für eine simple Gerade $y = x + 1$ eine Art vertikale Parabel als *Ergebnis.*

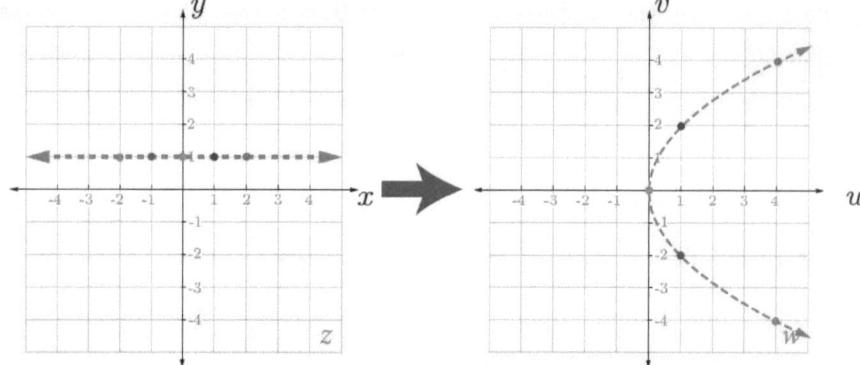

Abbildung 4: Die Funktion f(z) = z² + 1 auf eine Gerade y = x + 1; Das x und y, sowie das v und u dienen zur Differenzierung der jeweiligen Bestandteile von der Inputfunktion

Hier sieht man auch die Nullstelle bei $z = i$.

Es ist zwar etwas anstrengend zu folgen, aber das ist die übersichtlichste und populärste Methode eine komplexe Funktion zu zeichnen.

4.2 Komplexe Schwingungen

Eine etwas praktischere Anwendung der komplexen Zahl als in der theoretischen Mathematik findet sie in der theoretischen Physik.

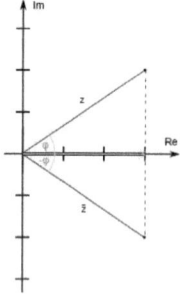

Um eine komplexe Zahl in eine reelle Zahl zu *übersetzen*, muss man sie komplex konjugieren. Das heißt man muss den imaginären Bestandteil mit seinem negativen addieren. Graphisch dargestellt sähe das so aus wie in Abbildung 7.

Für den nächsten Schritt braucht man wieder die Polarform $re^{\varphi i}$. Der eine oder andere hat bereits gemerkt, dass sich die Polarform mit zunehmendem Winkel φ ähnlich einer

Abbildung 5: komplexe Konjugation

Kreisbewegung *rotiert.* Konjugiert man nun die *rotierende* komplexe Zahl wie in $r(e^{\varphi i} + e^{-\varphi i})$ erhält man eine reelle Zahl die zwischen r und $-r$ schwingt.

Anders ausgedrückt:

$r(e^{\varphi i} + e^{-\varphi i})$ ist eine andere Art und Weise zu schreiben $r \sin(\varphi)$.[4,5,7]

13

4.3 Wechselstrom

Da Rechnungen mit Wechselstrom im Grunde auf Schwingungen basieren finden komplexe Zahlen auch hierfür eine Verwendung.

Um Wechselstrom rechnerisch zu repräsentieren benötigt man den Sinus oder Kosinus, die Frequenz bzw. Schwingungsdauer, die Amplitude und die Phasenverschiebung.

$$u = \hat{u} \cos(\omega t + \varphi)$$

In dem Beispiel nimmt man $\hat{u}$ als Amplitude, da man die momentane Spannung u berechnen will. Das φ ist hierbei die Phasenverschiebung. Genau dieselbe Formel könnte man auch für i mit $\hat{\imath}$ als Amplitude einsetzen um die Stromstärke zu bestimmen. Das i steht in dem Fall jedoch nicht für die komplexe Zahl, sondern für die Stromstärke in Ampere. Um Komplikationen zu verhindern verwendet man in der Wechselstromrechnung ein j für die komplexe Zahl.

Mit eingesetzten komplexen Zahlen kann man die Gleichung umschreiben in

$$u = \hat{u} \, e^{\omega jt + \varphi} + e^{-\omega jt - \varphi}$$

Was anfangs wie unnötig mehr Arbeit aussieht kann durch das Auslassen der komplexen Konjugation vereinfacht werden in

$$\underline{u} = \hat{u} \, e^{\omega jt + \varphi}$$

Wenn man nun den komplexen Bestandteil vom Ergebnis wegstreicht kommt man aufs selbe Resultat, doch es geht noch einfacher.

$$\underline{u} = u_{eff} e^{j\varphi} \text{ bzw. } \underline{i} = i_{eff} e^{j\varphi}$$

Wendet man sich von der zeitlichen Abhängigkeit ab und benutzt den Effektivwert der Wechselspannung kommt man auf die schöne simple Formel, die für den Ingenieur der mit Wechselstrom arbeitet am ausschlaggebendsten ist. Für ihn kommt es nämlich nicht auf die zeitliche Abhängigkeit, sondern auf die Phase φ und die Phasenverschiebung zwischen der Spannung und der Stromstärke an. Dafür ist die Variante mit komplexen Zahlen praktischer als die mit dem Kosinus bzw. Sinus. Warum sie praktischer ist lässt sich anhand der komplexen Impedanz besser aufzeigen[5,7]

4.4 Komplexe Impedanz

Die Impedanz Z ist ein komplexer *Scheinwiderstand* der bei einem Wechselstrom das Verhältnis zwischen Spannung und Stromstärke angibt.

Hierbei lautet die allgemeine Formel $\underline{Z} = \dfrac{\underline{u}}{\underline{i}}$

Die Unterstriche symbolisieren, dass in der Einheit mit komplexen Zahlen gerechnet wird. Man kann die Impedanz auch als Phasenverschiebung zwischen der Spannung und Stromstärke beschreiben, sprich wie weit die Spannung dem Strom voraus- oder hinterhereilt.

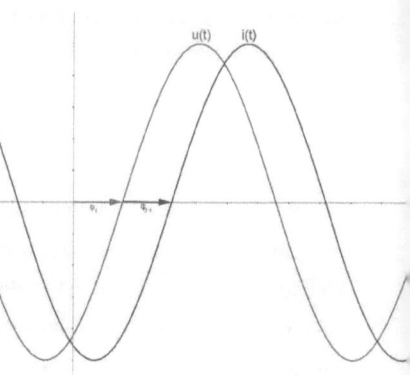

Abbildung 6: Beispiel für ein Wechselstrom-/Wechselspannungsdiagramm mit Phasenverschiebung φ_1 und $\varphi_{2\text{-}1}$

Eine andere Schreibweise für die Impedanz wäre $\underline{Z} = R + jX$ wobei das R der Bestandteil der Impedanz ist, an dem keine Phasenverschiebung auftritt und X der Anteil, an dem sie Auftritt. Hierbei nimmt man die Stromstärke als Bezugspunkt, sodass X positiv ist, sobald die Stromstärke der Spannung nacheilt und negativ, sobald sie ihr vorauseilt. Man beachte, dass $\underline{Z}$ einen reellen Bestandteil R und einen imaginären X hat, vergleichbar mit $C = a + bi$.

Sprich, $\underline{Z}$ ist eine komplexe Zahl und kann auch als solche dargestellt werden, wie in $\underline{Z} = |\underline{Z}|e^{j\varphi}$.

Aus dem Grund ist die Schreibweise mit $\underline{u} = u_{eff}e^{j\varphi}$ bzw. $\underline{i} = i_{eff}e^{j\varphi}$ für jemanden, der mit Wechselstrom rechnet praktischer, denn so kann man die Impedanz eines Wechselstroms einfacher herausrechnen.

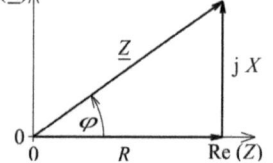

Abbildung 7: Komplexe Impedanz Z als komplexe Zahl

Die komplexe Zahl dient jedoch nicht nur zur Vereinfachung umständlicher Rechnungen. [5,7]

15

4.5 Quantenmechanik

Während es in der klassischen Physik keinen Sinn macht zu sagen „der Körper bewegt sich mit einer Geschwindigkeit von 2+4i", spielt die komplexe Zahl eine fundamentale Rolle in der Quantenphysik.

Quanten sind die uns bekannten kleinstmöglichen Objekte im Universum, die scheinbar nicht den klassischen Gesetzen der Physik folgen. Während es für uns eine Alltäglichkeit ist sagen zu können, wo genau sich ein Objekt befindet und wie schnell es sich bewegt, ist es für ein Quant vollkommen normal an mehreren Orten gleichzeitig zu sein und unterschiedliche Geschwindigkeiten auf einmal zu haben.

Demnach kann man sich vorstellen, dass die komplexe Zahl hierfür eine Anwendung findet, was sie glücklicherweise auch tut.

Mit der sogenannten Azimutalgleichung beispielsweise kann man die Lokalisationswahrscheinlichkeit eines Elektrons in einem Wasserstoffatom bestimmen.

$$\Phi_m = \frac{1}{\sqrt{2\pi}} e^{im\varphi}$$

Sprich wo genau im Atom man mit welcher Wahrscheinlichkeit ein Elektron finden würde, sollte man es inspizieren.

Das ist die fundamentale Gleichung um ein akkurates Modell eines Wasserstoffatoms bzw. jedes anderen Atoms zu entwerfen. [6]

5 Fazit

Obwohl ihre Erfinder sie als Sophistik bezeichneten und nichts großartig mit ihr anfangen wollten, verdient die komplexe Zahl den Respekt heutiger Mathematiker, Wissenschaftler und Ingenieure. Sie mag zwar außerhalb unseres Vorstellungsvermögens liegen, doch sie ist essenziell für unseren fundamentalen Verstand der Mathematik. Man rechnet mit ihr auch wenn es nichts Korrespondierendes in der uns bekannten Realität gibt. Nicht nur hilft sie dabei, komplizierte Rechenwege zu umgehen, sondern legt auch grundlegende Fundamente für Fakultäten der Wissenschaft, die unser konstitutives Verständnis des Universums bilden.

Die komplexe Zahl ist ein unerlässlicher Bestandteil der Mathematik für Naturwissenschaftler.

6 Quellenverzeichnis

Literatur

Quelle	Titel	Verfasser	Veröffentlicht	Verlag
1	The Historical Roots of Elementary Mathematics	Lucas Bunt, Phillip Jones, Jack Bedient	Februar 1988	Courier Corporation
2	Complex Numbers from A to Z	Titu Andreescu, Dorin Andrica	2014	Springer Science & Business Media
3	Imaginary Numbers are Real	Stephen Welch	2016	Welch Labs

Wissenschaftliche Arbeiten

Quelle	Titel	Verfasser	Veröffentlicht	in (Titel)
4	Komplexe Schwingungen	Unbekannter Student aus der Technischen Hochschule Nürnberg	Unbekannt	Mathematik Kompakt
5	Using Complex Numbers in Circuit Analysis and Review of the Algebra of Complex Numbers	Robert P. Johnson	2014	Physics 160: Practical Electronics
6	Komplexe Zahlen in der Physik	Cornelius Marsch	2009	Physik und Didaktik in Schule und Hochschule

Internet

[7] www.wikipedia.org

7 Abbildungsverzeichnis

Abbildung 1

https://upload.wikimedia.org/wikipedia/commons/3/32/Edfu_Egyptian_numerals.JPG

Abbildung 2

https://i.pinimg.com/236x/d8/b3/ea/d8b3ea8908806505e225e0fb102ab7f8--fontenay-mathematicians.jpg

Abbildung 3

https://upload.wikimedia.org/wikipedia/commons/thumb/9/95/Gau%C3%9Fsche_Zahlenebene.svg/2000px-Gau%C3%9Fsche_Zahlenebene.svg.png

Abbildung 6

Auszug aus der PDF Datei von Quelle 3

Abbildungen 4, 5, 7, 8

Selbst erstellt